# 动物图典

孙雪松 编著

化学工业出版社

·北京·

**图书在版编目（CIP）数据**

动物图典 / 孙雪松编著 . -- 北京：化学工业出版
社，2025. 5. -- ISBN 978-7-122-47600-5

I. Q95-49

中国国家版本馆 CIP 数据核字第 2025UY3844 号

责任编辑：龙　婧　　　　　　　　　　责任校对：边　涛

出版发行：化学工业出版社 ( 北京市东城区青年湖南街 13 号　邮政编码 100011)

印　　装：北京瑞禾彩色印刷有限公司

889mm×1194mm　1/20　印张 6　字数 20 千字　2025 年 6 月北京第 1 版第 1 次印刷

购书咨询：010-64518888　　　　　　　售后服务：010-64518899

网　　　址：http://www.cip.com.cn

凡购买本书，如有缺损质量问题，本社销售中心负责调换。

定　　价：39.80 元

# 前言

PREFACE

在地球这颗蔚蓝的星球上，人类显然不是唯一的居民，众多鲜活的生命也共享着这片家园。

从广袤的森林到辽阔的草原，从荒芜的沙漠到浩瀚的海洋，再到神秘的冰川极地与静谧的湿地……人类涉足之地，往往是动物们早已占据的领地；而那些人类尚未触及的地方，也可以发现动物们的踪迹。可以说，只要有生命存在的地方，就有动物们活跃的身影。它们经过了数亿年的演化，接受着自然的馈赠与挑战，走过了从诞生到繁荣再到灭绝的兴衰历程，见证了地球的沧桑巨变。正因为有了形形色色的动物，我们的地球才会如此精彩。

《动物图典》以简洁明了的文字搭配精致细腻的手绘插图，带领小读者们走进精彩纷呈的动物世界。书中精选了百余种特色鲜明的动物，它们有的庞大，有的微小，有的凶悍，有的可爱……还等什么，快来和我们一起去探索吧！

# 目 录

# 生命的演化

最初的地球可不像现在这样热闹。那时，火山频繁爆发，空气里弥漫着致命的气体。后来，原始海洋形成了，生命从那里诞生。在漫长的岁月里，生命从简单到复杂，从单一到多样，一刻不停地演化着……

最初的生命出现在前寒武纪时期，是一种单细胞生物。

多种生物集中在寒武纪海洋出现，这一壮观景象被誉为"寒武纪生命大爆发"。

志留纪时期，有颌鱼类出现，陆地上出现了蕨类植物。

奥陶纪时期，海洋无脊椎动物十分繁荣。

泥盆纪时期，脊椎动物飞速发展，两栖动物出现。

石炭纪时期，陆地上植被茂密，巨虫狂欢，爬行动物闪亮登场。

二叠纪时期，裸子植物强势发展。

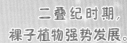

新生代到来，哺乳动物迅速演化，其中的古猿进化成了人类。

侏罗纪时期到白垩纪时期，恐龙是陆地的绝对统治者，原始的哺乳动物在夹缝中生存。

三叠纪时期是爬行动物的天下。

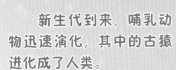

# 不同种类的动物们

地球上的生命除了繁茂的植物以及不易察觉的微生物外，基本都是动物。动物世界精彩纷呈，科学家根据它们的特点，把动物分成了两大类：脊椎动物与无脊椎动物，在这两大类之下又细分出许多小群体……

**脊椎动物是有脊椎的动物，它们是由无脊椎动物进化而来的。**

鱼类：绝大多数鱼类以及鱼形动物都长有鳞片和鳍。它们从卵中出生，几乎一生都不会离开水，依赖鳃进行呼吸。

圆口类是一种古老的动物，生活在海洋中的盲鳗和七鳃鳗就是圆口类的成员。

两栖动物：皮肤裸露，体表没有鳞片或者毛发，可以靠鳃、皮肤以及肺来呼吸，能够在水中和陆地上生活。

2

爬行动物是一种变温动物，它们全身长满鳞片，腹部着地，靠爬行的方式行动，需要冬眠或夏眠。蜥蜴、龟鳖、蛇等都属于爬行动物。

鸟类全身被羽毛覆盖，长有翅膀，大多数都是飞行达人，也有些鸟类翅膀已经退化，不能飞行了。

哺乳动物用肺呼吸，体温保持在一个稳定的范围。哺乳动物通过分泌乳汁给幼崽哺乳。

大部分哺乳动物以胎生的方式繁衍后代，但是鸭嘴兽和针鼹则不同，它们是能够生蛋的哺乳动物。

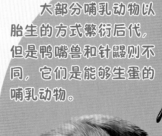

3

无脊椎动物是没有脊柱的动物，占世界上所有动物种类数量的 90% 以上，是地球生物圈不可或缺的一部分。

原生动物是最原始、最简单的生物，它们的身体由单个细胞组成。

棘皮动物的身体有星形、球形、树状分枝形等多种体形，海星、海胆、海参都是棘皮动物。

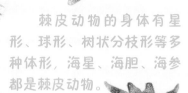

扁形动物身体扁平，且左右对称。

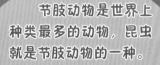

环节动物的身体由许多形态相似的体节构成，蚯蚓、沙蚕就是环节动物。

软体动物是一种身体柔软的无脊椎动物。

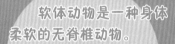

刺胞动物又叫腔肠动物，海葵、水母等都归属于此。

节肢动物是世界上种类最多的动物，昆虫就是节肢动物的一种。

线形动物身体细长，呈圆柱形，多数都是寄生虫。

4

# 趣味森林

# 老虎

老虎，是一种大型猫科动物，被称为"兽中之王"。它喜欢独自生活在森林中的领地里，几乎难逢敌手。额头上的"王"字黑色斑纹，就是它王者的标志。

老虎身上的条纹在森林中可以起到很好的伪装作用

老虎的脚上有厚厚的肉垫，行动时可以减小声响

6

# 云豹

云豹的皮毛呈灰黄或褐黄色，上面点缀着大块如云朵般的斑纹，也叫"龟纹豹""荷叶豹"。它们常常悄无声息地伏在树枝上，等到猎物走近，就从树上直接跃过去咬住猎物。

**动物档案**

| 种 类 | 哺乳动物 |
| --- | --- |
| 体 长 | 0.7 ~ 1.08 米 |
| 食 性 | 肉食 |
| 特 长 | 爬树 |

云豹主要生活在热带和亚热带的丛林中

云豹的瞳孔收缩时呈纺锤形

云豹长着长长的触须，这些触须是它们获取信息的"天线"

云豹的尾巴又粗又长

# 貂熊

　　貂熊身体粗壮，很像胖胖的熊。它们生活在寒冷地区的森林里，能爬树、会游泳，跑得也非常快……可以说样样都行。它们很贪吃，也不挑食，从狍子、狐狸到老鼠、鱼，还有蘑菇、浆果……都在貂熊的食谱中。

**动物档案**

| | | |
|---|---|---|
| 种 | 类 | 哺乳动物 |
| 别 | 称 | 狼獾 |
| 体 | 长 | 0.7～1米 |
| 食 | 性 | 杂食 |

貂熊皮毛厚实，保暖性很好

貂熊是个勇猛的猎手，能捕杀比自己体形大得多的动物。

貂熊的爪子锋利，脚掌宽大，可以更好地行走在冰雪中

貂熊长着一条毛茸茸的长尾巴

8

# 黑猩猩

　　黑猩猩是具有较高智慧的灵长类动物，主要栖息在热带雨林环境。它们昼行性特征显著，日间在林间觅食、活动，夜间则在树冠层构筑的巢穴内休息。其生理结构呈现出典型的树栖适应性特征：躯干肌肉发达，前肢长度明显超过后肢，具备强大的抓握攀爬能力。

　　**黑猩猩是现存与人类血缘关系最近的高级灵长类动物。**

## 动物档案

| | | |
|---|---|---|
| 种 类 | 哺乳动物 | |
| 体 高 | 1 ~ 1.7 米 | |
| 食 性 | 杂食 | |
| 习 性 | 群居 | |

黑猩猩的四肢十分灵活

黑猩猩的面部表情十分丰富，它们可以借此表达自己的喜怒哀乐

黑猩猩身体表面覆盖着黑色长毛

# 长臂猿

长臂猿的长手臂握住树枝，轻轻一荡，就能把自己荡到另一棵树上去。它们生活在树上，几乎从不在地面活动。

**动物档案**

| 种 类 | 哺乳动物 |
| --- | --- |
| 体 长 | 42 ~ 89 厘米 |
| 食 性 | 杂食 |
| 分 布 | 亚洲 |

长臂猿利用长长的前臂在林间荡跃、觅食

长臂猿不是猴子，没有尾巴

长臂猿品种多样，毛色各异

# 蜂猴

蜂猴的头看起来像一个毛茸茸的绒球，它们的眼睛又大又圆，眼周还自然晕染着深色的"眼影"，看起来十分可爱。蜂猴的动作缓慢，爬一小段距离还要停下休息一会儿，悠然自得。

动物档案

| | | |
|---|---|---|
| 种 | 类 | 哺乳动物 |
| 体 | 长 | 20.5 ~ 35 厘米 |
| 食 | 性 | 杂食 |
| 习 | 性 | 夜行性 |

蜂猴喜欢吃浆果、昆虫和小鸟

蜂猴能够分泌、使用毒素。

蜂猴全身覆盖着浓密的短毛

11

# 山魈

　　山魈（xiāo）长着一张色彩斑斓的脸，像极了京剧中的"花脸"。它们跑得很快，能快速地在林间穿梭。山魈是灵长类动物中有名的"大块头"，它们性情暴躁，十分凶猛。

动物档案

| 种 类 | 哺乳动物 |
| --- | --- |
| 食 性 | 杂食 |
| 分 布 | 非洲 |
| 习 性 | 群居 |

山魈的鼻梁是艳丽的大红色

山魈身上的毛蓬松浓密

雄性山魈为了威胁、恐吓对手或猎食者，会张开手臂，故意露出獠牙

# 毛冠鹿

毛冠鹿的额头上长着一簇长毛，就像戴着一顶黑色的小礼帽，它们也因此得名。毛冠鹿很胆小，但却长着一对外露的獠牙，看着像传说中的"吸血鬼"。

## 动物档案

| 种类 | 哺乳动物 |
| 别称 | 青麂 |
| 体长 | 约 90 厘米 |
| 食性 | 植食 |

雄性毛冠鹿长着小短角，被冠毛掩盖着；雌性毛冠鹿则没有角

毛冠鹿头顶上的冠毛形状像马蹄

毛冠鹿喜欢吃植物的嫩叶、果实和种子

毛冠鹿常常在清晨和黄昏时分活动。

# 驼鹿

驼鹿傲居鹿科动物之首，魁梧的身材让驼鹿在原始森林的众多野生动物中脱颖而出。驼鹿虽然身形巨大，运动起来却非常灵活，不仅能快速奔跑，还擅长游泳。

成年的雄性驼鹿的角多呈掌状分支

驼鹿不仅会游泳，还会潜水。

驼鹿的鹿角是由骨头构成的，雄性驼鹿的鹿角可以用来求偶或打斗

# 狍

狍的好奇心很强，看见新鲜事物总喜欢停下来瞧一瞧。好在它们跑起来速度非常快，可以在危险来临之前迅速逃脱，确保自身安全。

狍通常以家庭为单位生活在一起。

雄性的狍长着角

狍的尾巴非常小，臀部长着白毛

狍喜欢吃植物的枝叶和果实。

# 羚牛

羚牛身材高大，但它们头小尾短，长着长长的"胡须"，外貌酷似山羊，叫声也像羊。如果你看到羚牛，一定会被它"四不像"的外形迷惑。

**动物档案**

| 种 类 | 哺乳动物 |
| 别 名 | 扭角羚 |
| 体 长 | 1.7 ~ 2.2 米 |
| 食 性 | 植食 |

繁殖季节，雄性羚牛为了争夺雌性会大打出手

雌雄羚牛的头上都长着角，角形弯曲且向后上方扭转

羚牛的前肢长而粗壮

羚牛群在觅食时，往往会有"哨兵"负责警戒。

# 鬣羚

鬣（liè）羚也叫"苏门羚"，它们的外形看起来像黑色的羊，还长着一对兔子般的长耳朵。它们的颈背上长着又粗又长的鬣毛，就像是一件毛茸茸的披肩。

鬣羚颈背上的鬣毛通常为白色或灰白色

鬣羚可以在乱石陡坡间奔跑跳跃。

鬣羚身披稀疏而粗硬的毛，呈黑褐色

17

# 蜜獾

蜜獾（huān）外表呆萌，乍一看没什么攻击性，但实际上它们性格凶悍、无所畏惧，敢于向比自己体形大得多的动物发起攻击，被人们称为"平头哥"。

蜜獾最爱的食物就是蜂蜜了

蜜獾身上长着黑色的光亮长毛，背上覆盖一层白色毛发

蜜獾面对豹子，也丝毫不会畏惧

蜜獾会用坚硬锋利的爪子撕碎蜂巢

18

# 蛇獴

蛇獴（měng）是动物界出名的"毒蛇杀手"，尤其是眼镜蛇。眼镜蛇毒性很强，但蛇獴却对蛇毒免疫。遇到毒蛇后，蛇獴会凭借敏捷的身手躲避毒蛇的攻击，不断闪躲挑逗，把毒蛇累得筋疲力尽。接着，蛇獴便会趁机咬住毒蛇的脖子，将它杀掉。

蛇獴主要以小型哺乳动物、昆虫、爬行动物、植物为食。

| 动物档案 | | |
|---|---|---|
| 种 类 | | 哺乳动物 |
| 别 称 | | 蒙哥、灰蒙 |
| 体 长 | | 约 75 厘米 |
| 食 性 | | 杂食 |

蛇獴吻部较尖

蛇獴尾巴比较长

# 大熊猫

大熊猫体态丰腴，长着圆圆的大脑袋，黑色的圆耳朵以及一对大大的黑眼圈，外表憨态可掬，性情温顺，受到全世界人们的喜爱，被誉为中国的国宝。

大熊猫浑身黑白相间，也有特别的个体是棕色的

从目前的化石记录看，古老的大熊猫成员——始熊猫，已有约 800 万年的历史了。

大熊猫喜欢吃竹类植物，除此之外它们也吃肉

20

# 紫貂

紫貂身体细长，四肢短健，行动敏捷异常，犹如林间疾风，经常在冬日的森林里窜来窜去，到处寻找猎物。

**动物档案**

| 种 | 类 | 哺乳动物 |
| --- | --- | --- |
| 别 | 称 | 黑貂、赤貂 |
| 体 | 长 | 30 ~ 40 厘米 |
| 食 | 性 | 杂食 |

紫貂喜欢吃鼠类、鸟类和果实

紫貂经常在石缝、树洞、茂密的树丛里随意休息

紫貂长着双层皮毛，防寒性很强

# 红松鼠

　　红松鼠，也叫欧亚红松鼠，它们生活在森林中，拥有靓丽的毛发、小巧的身体、蓬松的尾巴、圆溜溜的眼睛，喜欢吃松仁、榛子等各种坚果。

**动物档案**

种　类　哺乳动物
食　性　杂食
分　布　亚洲、欧洲等地

除了坚果，红松鼠也爱吃菌类、昆虫、鸟蛋等

红松鼠身体细长，身后有一条蓬松而宽大的尾巴

红松鼠擅长爬树，长尾巴在它们跳跃时可以保持身体平衡

# 狂野草原

# 狮子

在非洲大草原上，狮子凭借优秀的视觉、听觉、嗅觉以及出色的防御和攻击能力，成为傲视百兽的"草原之王"。狮子喜欢群居生活，一两头雄狮、几头雌狮和几只小狮子组成了一个有血缘关系的大家庭。

动物档案

| 种类 | 哺乳动物 |
| 体长 | 1.4 ～ 1.9 米 |
| 食性 | 肉食 |
| 分布 | 非洲、亚洲等地 |

狮子的捕食对象主要有水牛、斑马、羚羊等。

狮群中，狩猎的任务通常是由雌狮来完成的

雄狮体形较大，主要负责守卫领地

雄狮长有长长的鬃毛，一直延伸到肩部和胸部

# 斑马

斑马身披黑白相间的条纹外衣，独特而醒目。这些斑纹就像人的指纹一样，每一匹斑马都不相同，伙伴间就依据这个来辨别对方。

动物档案

| 种 | 类 | 哺乳动物 |
| --- | --- | --- |
| 肩 | 高 | 1.2 ~ 1.6 米 |
| 食 | 性 | 植食 |
| 分 | 布 | 非洲 |

斑马喜欢吃树枝、树叶、草等植物。

斑马是群居动物，常常十多匹集体活动

斑马条纹能很大程度上防止蝇虫叮咬

# 长颈鹿

长颈鹿是世界上最高的动物。当其他动物对树顶遥不可及的绿叶望而却步时，它们只需抬起脖颈，伸出长长的舌头，就能轻松享用这份美味了。

**动物档案**

种　类　哺乳动物
体　高　6～8米
食　性　植食
分　布　非洲

长颈鹿的头部长有骨质短角，外包皮肤和茸毛

长颈鹿长着长长的脖子，它们还会用长脖子打架呢

长颈鹿有一条青黑色的长舌头，舌头上沾满黏液，上面还有一层非常坚韧的硬皮

长颈鹿身上布满花斑网纹

# 猎豹

猎豹是陆地上奔跑速度最快的动物。一旦发现猎物，猎豹会先悄悄接近猎物，或埋伏在灌木丛中等待捕猎时机。当猎物的距离足够近时，猎豹会突然跃起，像闪电一样将其扑倒。

猎豹身上长着淡黄色的短毛，上面还带着黑色斑点

猎豹脸上的黑色泪纹从眼睛一直延伸到嘴巴

猎豹虽然跑得快，但它只适合短跑

# 疣猪

疣（yóu）猪有着大大的脑袋、锋利的獠牙，面部还长着突出的疣，看起来面目狰狞。它们擅长挖洞，常常在洞中躲避草原上阳光的暴晒和随时可能到来的掠食者。

**动物档案**

| 种 | 类 | 哺乳动物 |
| 体 | 长 | 0.9 ~ 1.5 米 |
| 食 | 性 | 杂食 |
| 分 | 布 | 非洲 |

疣猪喜欢在泥浆中打滚，将身上沾满泥巴，这样不仅可以消暑降温，还能防止蚊虫叮咬

疣猪喜欢吃青草和块茎植物，偶尔也会吃些腐肉等

疣猪常常跪着吃食、喝水

# 跳羚

草原上弱肉强食，危险无处不在，跳羚是许多猛兽的捕食目标。跳羚擅长跳跃奔跑，当危险来临时，跳羚会不停跳跃扰乱敌人的视线，或是用突左突右的跳跃方式躲避敌人的追击。

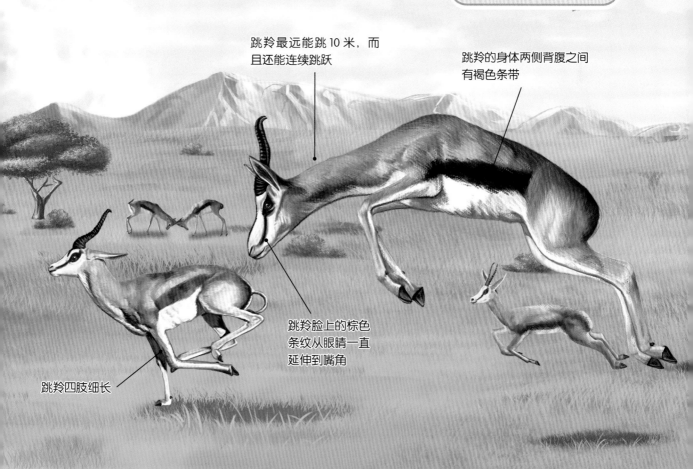

跳羚最远能跳 10 米，而且还能连续跳跃

跳羚的身体两侧背腹之间有褐色条带

跳羚脸上的棕色条纹从眼睛一直延伸到嘴角

跳羚四肢细长

# 草原犬鼠

草原犬鼠也被很多人称为"土拨鼠"，它们擅长挖掘洞穴，可以把洞穴打造成豪华的"城堡"。草原犬鼠是群居动物，通常一个大家庭生活在一起。

动物档案

| 种 类 | 哺乳动物 |
| 体 长 | 28 ~ 35 厘米 |
| 食 性 | 植食 |
| 分 布 | 北美洲 |

草原犬鼠会用鼻头碰鼻头的方式互相打招呼

草原犬鼠的鼻子和耳朵比较小，身体上的毛呈黄色

草原犬鼠很有语言天赋，它们的叫声中具有复杂的意义。

# 非洲水牛

非洲水牛是素食主义者，但却是草原上最危险的动物之一。它们的粗角和蹄子是有力的武器，能与狮子和鳄鱼一较高下。

非洲水牛群中会有一个强壮的首领

非洲水牛的牛角与头顶连为一体

非洲水牛汗腺不发达，天气炎热时需要将身体浸泡在水里

# 大食蚁兽

　　大食蚁兽是草原上常见的动物，能用自己敏锐的嗅觉寻找藏在洞穴里的蚂蚁和白蚁。它们有一个很长的嘴，嘴里没有牙齿，但这也没关系，布满黏液的长舌头一卷就可以粘住很多蚂蚁。

**动物档案**

| 种 类 | 哺乳动物 |
| 体 长 | 约 1 ~ 1.2 米 |
| 食 性 | 肉食 |
| 分 布 | 南美洲等地 |

大食蚁兽的嘴部呈管状

大食蚁兽的尾巴有很多妙用，比如保温或遮风挡雨

大食蚁兽身上长着浓密的长毛，可以抵御昆虫叮咬

# 秃鹫

秃鹫是草原上的"清道夫"，它们的主要食物是腐肉。秃鹫的头部裸露，颈部有一圈羽毛，就像餐巾一样，可以防止吃腐肉时弄脏羽毛。

动物档案

| 种 | 类 | 鸟 |
| 别 | 名 | 座山雕 |
| 体 | 长 | 约1.1米 |
| 食 | 性 | 肉食 |

秃鹫的翅膀又大又宽，但它们的飞行能力不强，而是比较擅长滑翔

秃鹫的嘴像个铁钩，可以啄破动物的皮毛

33

# 狒狒

草原上有一群狒狒，它们之中有一位备受尊崇的首领。狒狒群体每隔几年就会展开一场"王位争夺战"，强壮的成年雄性狒狒会向首领发起挑战，用决斗的方式争当新首领。

动物档案

| 种 | 类 | 哺乳动物 |
| 食 | 性 | 杂食 |
| 分 | 布 | 非洲、亚洲 |

狒狒喜欢集群生活，常组成很多小群。狒狒喜欢吃植物、昆虫和小型爬行动物。

雌性狒狒一胎只生一个宝宝，它们对自己的孩子十分呵护

# 犰狳

犰狳（qiú yú）天生带有坚硬的"铠甲"，既不怕牙咬，也不怕爪挠。要是有谁想害它，它就缩成一个球，把自己紧紧缩在"铠甲"内，让敌人无从下手。

**动物档案**

| 种 类 | 哺乳动物 |
| 食 性 | 杂食 |
| 分 布 | 美洲 |

犰狳是穴居动物，视力不好，但嗅觉灵敏。犰狳喜欢吃昆虫、蜗牛、蜥蜴等。

犰狳的盔甲是由若干鳞片组合而成的

犰狳的头顶也覆盖着鳞片

35

# 土豚

夜幕降临，土豚小心翼翼地从洞穴中出来，它们四处走动，依靠嗅觉、听觉寻找食物。蚂蚁和白蚁是它们的最爱，它们可以快速地将蚁家挖开，用又长又黏的舌头将蚂蚁和白蚁舔舐出来。

除了蚂蚁和白蚁，土豚也会找其他昆虫和鸟蛋当作食物。

土豚长着类似猪的长鼻子，还有两只长耳朵

# 非洲野犬

非洲野犬身上有很多大小不一的斑块，像是艺术家随意喷绘而成的。它们十分勇猛，而且善于合作，可以捕食到羚羊、角马或斑马。

动物档案

| 种 类 | 哺乳动物 |
|---|---|
| 食 性 | 肉食 |
| 体 长 | 1.2 ~ 1.9 米 |
| 分 布 | 非洲 |

非洲野犬的捕食成功率很高

非洲野犬的咬合力十分出众，可以磨碎坚硬的骨头

非洲野犬四肢修长，十分擅长奔跑

# 美洲獾

美洲獾看起来矮矮胖胖，性情却十分凶猛。它们长着锋利的前爪，可以快速地掘土挖洞，驱赶出藏在其中的鼠类。美洲獾甚至还会与郊狼合作，一起捕猎。

**动物档案**

| 种 | 类 | 哺乳动物 |
| 食 | 性 | 肉食 |
| 分 | 布 | 北美洲 |
| 特 | 长 | 挖洞 |

美洲獾的攻击性很强

美洲獾身披灰白色、棕色、黑色和白色的毛

美洲獾的前爪很长

# 极地明星

# 北极熊

北极熊拥有一身雪白的皮毛，也被称为"白熊"。北极熊性情凶猛，是当之无愧的"北极霸主"，海豹、海象、白鲸、海鸟、鱼类等都是北极熊"日常菜单"上的食物。

**动物档案**

| 种 | 类 | 哺乳动物 |
|---|---|---|
| 体 | 长 | 1.9 ~ 2.6 米 |
| 食 | 性 | 肉食 |
| 分 | 布 | 北极圈附近 |

北极熊身上有两层毛：外层是含有油脂的针毛，里面的一层是厚厚的绒毛

北极熊厚毛之下的皮肤是黑色的

北极熊是非常出色的游泳健将，它还会潜水呢

北极熊的嗅觉十分灵敏

# 鞍纹海豹

鞍纹海豹的背部有一块巨大的黑色斑纹，形状既像马鞍，也像一架竖琴，因此它也叫"竖琴海豹"。鞍纹海豹在冰面上时动作十分笨拙，到了水里就立即化身为游泳健将，尽显非凡的水下风采。

**动物档案**

| 种 类 | 哺乳动物 |
| 别 称 | 恋冰海豹 |
| 体 长 | 1.7 ~ 1.9 米 |
| 食 性 | 肉食 |

鞍纹海豹喜欢吃鱼类、甲壳类和软体动物。

鞍纹海豹幼崽身上的毛是纯净的白色

鞍纹海豹四肢是鳍状

**41**

# 海象

　　一群海象正懒洋洋地在冰面上晒太阳，它们体形庞大，外表丑丑的，还长着两颗象牙般的长牙。

动物档案

| 种 | 类 | 哺乳动物 |
|---|---|---|
| 体 | 长 | 3 ~ 4 米 |
| 食 | 性 | 杂食 |
| 习 | 性 | 群居 |

海象身上的皮肤非常厚，还包裹着厚厚的脂肪

长牙是海象的重要工具，能够攀登浮冰、挖掘海底的食物

海象不挑食，喜欢吃软体动物、虾蟹类和蠕虫，有时也会吃海中的植物。

# 驯鹿

提到驯鹿，也许很多人会想到圣诞老人的驯鹿拉雪橇，它们会在圣诞节时凌空飞过，给孩子们送去礼物。但这只是童话，真正的驯鹿是生活在严寒地区的动物，它们不会飞，却能在密林、沼泽或深雪中行走。

驯鹿雌雄都长着角，并分成很多枝杈

驯鹿每年都会进行长途迁徙，寻找食物丰富的地方

驯鹿以地衣、嫩枝、草类等为食。

# 麝牛

麝（shè）牛的身体上可以散发出一种麝香气味，因此它又叫麝香牛。麝牛全身覆盖着棕色或深褐色的长毛，长到什么程度呢？有的甚至能拖到地上。

动物档案

| 种类 | 哺乳动物 |
| 体长 | 1.8 ~ 2.45 米 |
| 食性 | 植食 |
| 分布 | 北美洲极北地区 |

麝牛的长毛下有一层厚厚的绒毛，保暖效果很好

麝牛的尾巴很短，藏在长毛里

麝牛长着粗壮弯曲的角

麝牛低头觅食地上的野草、苔藓

# 北极狐

北极狐不仅身披厚重长毛，足底也长着又密又厚的长毛。它们的毛会变色：从春天到夏天，它们的毛会逐渐变成灰黑色，冬天则是雪一般的白色。

北极狐喜欢吃旅鼠、鸟、浆果和海藻

北极狐身上厚厚的皮毛和脂肪可以很好地保温和储存能量

北极狐的耳朵虽然小，但听觉非常敏锐

# 北极狼

北极狼是冰河时期的幸存者，它们是群居动物，狼群中有一只领头的雄狼，它是整个狼群的权威。

**动物档案**

| | | |
|---|---|---|
| 种 类 | 哺乳动物 | |
| 别 称 | 白狼 | |
| 体 长 | 0.89 ~ 1.89 米 | |
| 食 性 | 肉食 | |

北极狼捕猎时有组织、有策略，它们会从不同方向包抄，然后慢慢接近猎物，时机成熟后，便突然发起进攻

北极狼的毛色能够让它与周围环境巧妙融合，利于隐藏捕猎

北极狼爪子上的皮毛能让爪子的皮肤与冰雪隔绝

# 旅鼠

旅鼠是一种可爱的哺乳动物，长得毛茸茸、圆滚滚的。它们常年居住在北极，繁殖能力很强，每年可以生 7～8 次宝宝。

## 动物档案

| 种类 | 哺乳动物 |
| --- | --- |
| 体长 | 12～17 厘米 |
| 食性 | 植食 |
| 习性 | 群居 |

旅鼠的天敌很多，北极狐、雪鸮、北极熊等都会捕食旅鼠。

旅鼠的门牙在一生中会不断地生长

旅鼠的尾巴很短

为了寻找食物，旅鼠也会迁徙

47

# 北极兔

北极兔是兔子家族中的长腿代表，它们的身体胖乎乎的，一身蓬松的绒毛让它们更适应北极的环境。北极兔的毛还会随着季节改变颜色，冬天是白色，其他季节是灰褐色。

| 动物档案 | |
| --- | --- |
| 种类 | 哺乳动物 |
| 体长 | 55 ~ 71 厘米 |
| 食性 | 植食 |
| 分布 | 北美洲北部 |

北极兔以苔藓、树根等植物为食。

北极兔通常群居在一起

北极兔在雪地上行走时如履平地，弹跳力惊人

北极兔的大脚掌上覆盖着长毛

48

# 南象海豹

南象海豹又叫南象形海豹，它们憨态可掬，常常成群地躺在海滩上。雄性南象海豹有能够伸缩的长鼻子，当它们兴奋或发怒时，长鼻子还会膨胀起来。

**动物档案**

种 类 哺乳动物

食 性 杂食

特 长 潜水

南象海豹又胖又壮，身体却非常柔软

南象海豹的眼睛又大又圆

# 王企鹅

王企鹅的模样与帝企鹅很像，但身材却比帝企鹅更加修长。王企鹅是南极企鹅中优雅、温顺的代表，宛如一位风度翩翩的"小绅士"。

**动物档案**

种 类 鸟

别 称 国王企鹅

体 高 约 96 厘米

食 性 肉食

王企鹅赶路时，会将腹部贴在冰面上快速滑行

比起帝企鹅，王企鹅头部的橙色更加鲜艳、面积更大

王企鹅会到海里捕捉小鱼、小虾和乌贼。

王企鹅的幼仔呈现灰土黄色，像是一个猕猴桃

# 巴布亚企鹅

巴布亚企鹅的眼睛上面有一抹醒目的白斑，形似一条白眉毛，因此巴布亚企鹅又被称为白眉企鹅。除此之外，"金图企鹅""绅士企鹅"也是巴布亚企鹅的名字。

**动物档案**

| 种类 | 鸟 |
| 体高 | 71 ~ 76 厘米 |
| 食性 | 肉食 |
| 习性 | 群居 |

**巴布亚企鹅会用石子筑巢，企鹅们有时还会因为争夺石子产生争执。**

巴布亚企鹅背部呈灰黑色，腹部为白色

巴布亚企鹅是企鹅家族的游泳高手

51

# 阿德利企鹅

说起南极最常见的企鹅，莫过于阿德利企鹅了。比起王企鹅和帝企鹅，阿德利企鹅的羽毛比较朴素，只有单调的黑白两色。圆圆的白眼圈为阿德利企鹅增添了几分呆萌和可爱。

| 种 | 类 | 鸟 |
|---|---|---|
| 体 | 高 | 约 46 ~ 71 厘米 |
| 食 | 性 | 肉食 |

阿德利企鹅为了获取食物，会向北迁徙。

阿德利企鹅擅长跳高，能垂直跳高 2 米

52

# 帝企鹅

在南极，企鹅的种类繁多，其中的佼佼者无疑是帝企鹅。它们喜欢群体生活，经常一大群聚在一起，场面看上去十分壮观。企鹅不会飞，走路时摇摇晃晃，但它们一旦到了水里，便如鱼得水，展现出惊人的敏捷。

帝企鹅主要以甲壳类动物为食，偶尔也捕食小鱼和乌贼。

帝企鹅的双翼又扁又平，在水中能像船桨一样为自身提供动力

帝企鹅的羽毛不仅保暖还防水

帝企鹅宝宝的身体表面长着一层保温的灰白绒羽

# 南极磷虾

磷虾是南极食物链的中心，它们以海洋里的藻类为食，而企鹅、海鸟、海豹以及鲸类都会吃掉大量磷虾来填饱肚子。

动物档案

种类 节肢动物
体长 4 ~ 6 厘米
食性 杂食
分布 南极附近海域

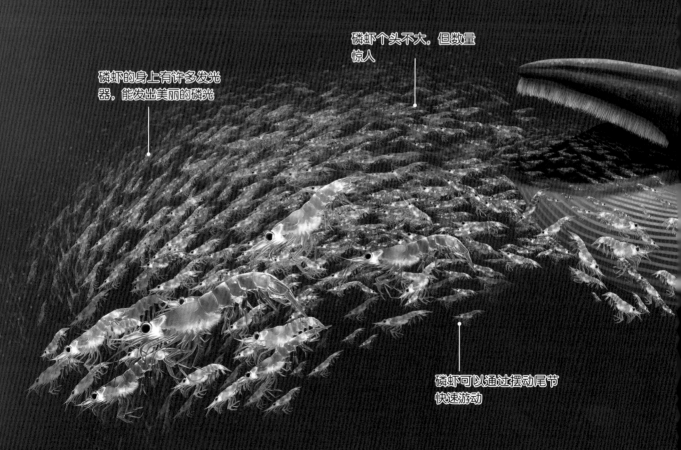

磷虾个头不大，但数量惊人

磷虾的身上有许多发光器，能发出美丽的磷光

磷虾可以通过摆动尾节快速游动

# 海洋奇境

# 大白鲨

大白鲨拥有锋利的巨大牙齿，善于攻击和捕猎，堪称海洋里的顶级猎手，是鲨鱼中最具攻击力、最令人感到恐怖的一种。

大白鲨体色呈灰色或淡褐色

大白鲨的皮肤并不光滑，反而长满了粗糙的倒刺

大白鲨喜欢吃海豹、海狮等海洋哺乳动物。

牙齿是大白鲨最厉害的武器，三角形的牙齿背面有倒钩，可以牢牢地咬住猎物

# 双髻鲨

要说鲨鱼中长相最奇怪的，应该非双髻鲨莫属。双髻鲨也叫锤头鲨，它们的脑袋宽宽的，像一把锤子，也像古代人头上的发髻，因此得名。

## 动物档案

| 种 类 | 鱼 |
| --- | --- |
| 体 长 | 0.9 ~ 6.1 米 |
| 食 性 | 肉食 |
| 分 布 | 热带和温带海洋 |

双髻鲨的眼睛长在头的两侧，距离很远，视野很广阔

双髻鲨第一背鳍非常高，呈镰刀状

双髻鲨依靠敏锐的视觉和感知力搜寻猎物。

# 鲸鲨

鲸鲨是世界上体形最大的鱼类，虽然个头很大，但鲸鲨性情非常温和，不会主动攻击其他海洋动物，它们喜欢吃浮游生物、海藻等食物。

动物档案

| 种 | 类 | 鱼 |
| 体 | 长 | 5.5 ～ 12 米 |
| 食 | 性 | 杂食 |
| 分 | 布 | 热带和温带海洋 |

鲸鲨的体色呈灰褐色和蓝褐色，背上有点状和条状的花纹，像是天上的星星

鲸鲨拥有两个背鳍，第一个背鳍比第二个背鳍大

鲸鲨的嘴巴很宽，里面长着细小的牙齿

# 蓝鲸

　　蓝鲸是目前已知世界上最大的动物，长度能达到 30 米，人在蓝鲸的面前渺小得宛如蝼蚁。为了维持能量，蓝鲸每天都需要进食大量浮游生物，不过它们并不会直接用牙齿撕咬猎物，而是张开大嘴，直接将海水和食物一齐吞下，然后从须板的缝隙中排出海水，只留下食物。

**动物档案**

| 种 | 类 | 哺乳动物 |
| 别 | 称 | 剃刀鲸 |
| 体 | 长 | 23～30 米 |
| 食 | 性 | 肉食 |

蓝鲸头顶有用来呼吸的鼻孔，过段时间就要浮到水面上换气

蓝鲸的表面皮肤多为灰色和蓝色

蓝鲸的体形看起来像一把剃刀

蓝鲸的嘴巴里不是锋利的牙齿，而是鲸须板

# 独角鲸

在海洋中生活着这样一种动物：它们的头上长着一根长而尖锐的"角"，像传说中的独角兽。其实，那不是独角鲸的"角"，而是它们的牙齿。

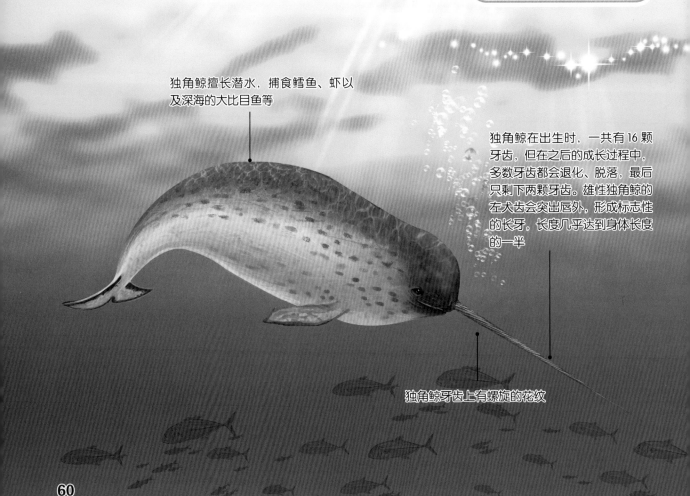

独角鲸擅长潜水，捕食鳕鱼、虾以及深海的大比目鱼等

独角鲸在出生时，一共有16颗牙齿，但在之后的成长过程中，多数牙齿都会退化、脱落，最后只剩下两颗牙齿。雄性独角鲸的左犬齿会突出唇外，形成标志性的长牙，长度几乎达到身体长度的一半

独角鲸牙齿上有螺旋的花纹

60

# 虎鲸

虎鲸又叫杀人鲸、逆戟鲸，它们性情凶猛、战斗力超强，海洋兽类和鱼类都是它们的食物，有时它们还会攻击其他鲸类，在海洋中所向无敌。

**动物档案**

| 种 类 | 哺乳动物 |
| 体 长 | 6～9米 |
| 食 性 | 肉食 |
| 分 布 | 世界各大洋 |

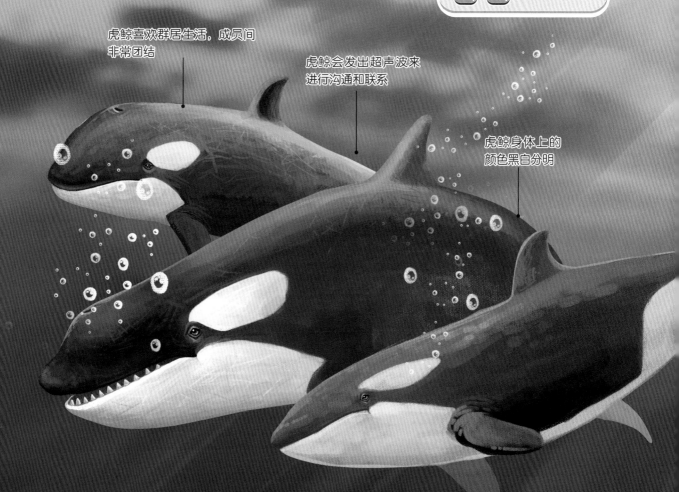

虎鲸喜欢群居生活，成员间非常团结

虎鲸会发出超声波来进行沟通和联系

虎鲸身体上的颜色黑白分明

# 座头鲸

座头鲸的胸鳍窄薄而狭长，看起来就像一对翅膀。座头鲸体形庞大，每天要吃大量的磷虾等小甲壳类和群游性小型鱼类。

动物档案

| 种类 | 哺乳动物 |
| --- | --- |
| 别称 | 大翅鲸 |
| 体长 | 11.5 ~ 15 米 |
| 食性 | 肉食 |

座头鲸是海洋中的灵魂歌者，它们的声音很有韵律。座头鲸每年会进行有规律的洄游。

座头鲸下颚有许多沟状的皮肤褶皱

座头鲸的背部为黑色，腹部是双白色

# 抹香鲸

抹香鲸是所有鲸类中潜得最深、最久的，号称动物王国中的"潜水冠军"，它们常常潜入深海，去捕食那里的大型乌贼和深海鱼类。

**动物档案**

| | | |
|---|---|---|
| 种 | 类 | 哺乳动物 |
| 体 | 长 | 11 ~ 18 米 |
| 食 | 性 | 肉食 |
| 分 | 布 | 世界各大洋 |

抹香鲸有一个巨大的头，尾部却显得很小，就像一只巨大的蝌蚪

抹香鲸的肠道里能分泌一种物质——龙涎香

63

# 宽吻海豚

宽吻海豚是常见的海豚之一，它们突出的吻部曲线看起来就像是一直在微笑，十分讨人喜欢。宽吻海豚十分聪明，能利用回声定位的方法在水下游走和觅食。

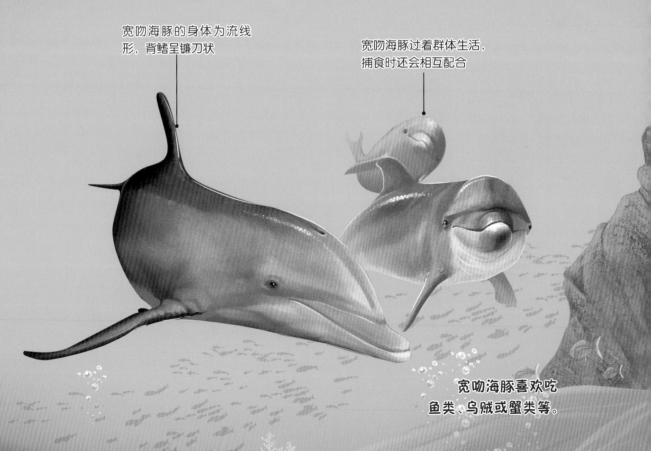

宽吻海豚的身体为流线形，背鳍呈镰刀状

宽吻海豚过着群体生活，捕食时还会相互配合

宽吻海豚喜欢吃鱼类、乌贼或蟹类等。

# 中华白海豚

中华白海豚数量稀少，有"水上大熊猫"之称。它们性情活泼，经常在水面跳跃嬉戏。中华白海豚小时候的体色是铅灰色的，长大后就变成白色了。

动物档案

| 种 | 类 | 哺乳动物 |
| 体 | 长 | 2 ～ 2.6 米 |
| 食 | 性 | 肉食 |

当中华白海豚活动时，表皮的血管就会膨胀，血液令皮肤白里透红

中华白海豚的呼吸孔长在头顶上

中华白海豚以鱼、虾、乌贼等为食。

65

# 海牛

　　海牛，虽然名字里有个"牛"字，可长相一点儿也不像牛。海牛和牛唯一的共同点，大概就是都爱吃草了，不过海牛吃的是水草。海牛的胃口不小，每天都在吃吃吃，有"水中除草机"的称号。

**动物档案**

| 种 | 类 | 哺乳动物 |
| 体 | 长 | 3 ~ 4.5 米 |
| 食 | 性 | 植食 |
| 分 | 布 | 大西洋热带海域 |

海牛的尾巴略呈圆形

海牛鼻孔上有"盖子"，当海牛需要呼吸的时候，就会仰起脑袋，打开盖子，将鼻孔露出来呼吸

海牛的前肢肥厚，像鳍一样

# 儒艮

儒艮，被认为是古代传说中美人鱼的原型。当它们将上半身浮出海面呼吸时，古代的水手们透过海上朦胧的光线远远看去，就将它误认为是美人鱼了。

**动物档案**

种 类 **哺乳动物**

体 长 **2 ~ 3.3 米**

食 性 **植食**

习 性 **群居**

儒艮的身体呈纺锤形

儒艮的尾巴与鲸类相似，呈新月形，这是它和海牛最明显的区别

儒艮以海藻、水草等多汁水生植物为主要食物。

# 海獭

　　海獭是海洋哺乳动物中的小不点儿，它们身体圆滚滚的，长得十分可爱。海獭很爱打扮，每天都要花费很长时间来梳理皮毛、舔擦身体。其实，这是因为海獭没有过多脂肪，需要靠皮毛保暖，但如果皮毛板结或是粘上了脏东西，那就没法保暖了。

动物档案

| 种 | 类 | 哺乳动物 |
| 体 | 长 | 超过1米 |
| 食 | 性 | 肉食 |
| 习 | 性 | 群居 |

正在梳理毛发的海獭

海獭进食时，会躺在水面上把肚皮当餐桌

海獭会躺在水面上睡觉

海獭爱吃鱼类、海胆和软体动物

# 加利福尼亚海狮

加利福尼亚海狮也叫加州海狮，主要生活在北美洲太平洋沿岸。加利福尼亚海狮的胃口极好，乌贼、甲壳类和鱼类等都是它们的美味。

加利福尼亚海狮白天在海中捕食、活动，晚上会上岸睡觉。有时，它们也会成群地在岸边晒太阳。

胡须可以感受到微小的水流和震动，可以帮助它们在水中寻找食物

前鳍肢可以支撑身体坐在地上

# 金枪鱼

金枪鱼是海洋里著名的游泳高手，能够进行长距离的快速游泳。它们喜欢旅行，旅行范围可以到数千公里外，因此也被称为"没有国界的鱼类"。

**动物档案**

| 种 类 | 鱼 |
|---|---|
| 别 称 | 鲔鱼 |
| 体 长 | 0.5 ~ 4.6 米 |
| 食 性 | 肉食 |

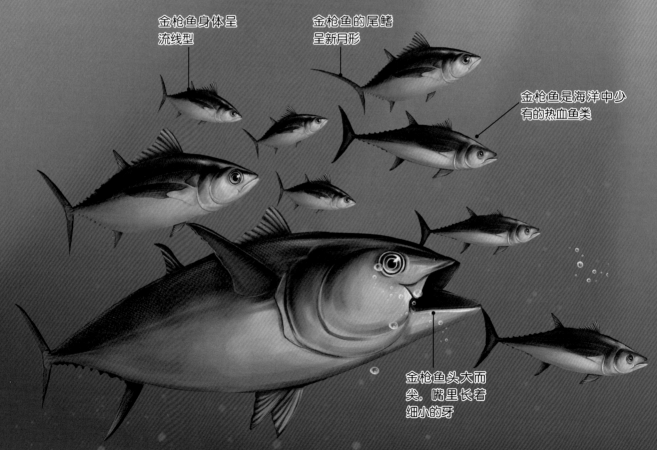

金枪鱼身体呈流线型

金枪鱼的尾鳍呈新月形

金枪鱼是海洋中少有的热血鱼类

金枪鱼头大而尖，嘴里长着细小的牙

# 旗鱼

旗鱼是海洋中的"剑客"，它们又长又尖的吻部可以刺穿钢板，是十分厉害的武器。另外，旗鱼还是短距离游泳的冠军呢！

动物档案

| 种 | 类 | 鱼 |
| --- | --- | --- |
| 别 | 称 | 芭蕉鱼 |
| 体 | 长 | 2～5米 |
| 食 | 性 | 肉食 |

旗鱼的第一背鳍又高又长，完全竖展的时候，好像船上扬起的一面旗帜

旗鱼捕食时会用剑颌击晕猎物

旗鱼的头背部为青蓝色

# 比目鱼

比目鱼的长相很古怪，最显著的特征是它们的两只眼睛长在身体的同一侧。其实，它们刚出生的时候眼睛不是这样的，而是和其他小鱼一样，眼睛长在两边。但随着成长，它们的眼睛就开始"搬家"了，一侧的眼睛向头的上方移动，直到和另一只眼睛接近时才会停止。

比目鱼常常"躺"在海底，将部分身体藏在泥沙中

比目鱼的身体扁扁的

比目鱼可以改变身体的颜色，号称"海洋变色龙"

比目鱼以无脊椎动物和鱼类为食

# 小丑鱼

　　说起小丑鱼的名字，有一种说法认为它和京剧有关。看一看小丑鱼身上的颜色分布，是不是有些像京剧丑角的扮相，小丑鱼这个名字就是由此而来。小丑鱼的品种很多，花纹和色彩也多种多样。

## 动物档案

| 种 | 类 | 鱼 |
|---|---|---|
| 别 | 称 | 海葵鱼 |
| 体 | 长 | 6 ~ 15 厘米 |
| 食 | 性 | 杂食 |

海葵身上有分泌毒液的刺细胞，但小丑鱼却可以在海葵触手丛中安心地建房、产卵

海葵和小丑鱼是相依相伴的好伙伴：海葵为小丑鱼提供庇护，小丑鱼为海葵吸引猎物

# 海马

海马并不是马，而是一种鱼类。它们拥有马一样的头部，类似大象鼻子的尾巴，蜻蜓一样炯炯有神的眼睛，虾一样的身子……长相奇奇怪怪。

海马的嘴巴呈管状，可以像吸尘器一样，将食物吸入口中

海马妈妈负责产卵，海马爸爸则负责孵化宝宝

小海马是从海马爸爸的育儿袋里出生的

海马的尾巴可以卷曲，常常缠在海藻的茎枝上

74

# 蝠鲼

蝠鲼（fèn）又叫毯魟（hóng），当它扇动着三角形的胸鳍在水中游动时，就像一张魔毯在水中飞翔。蝠鲼还有一个名字叫"魔鬼鱼"，但它们其实并不凶悍，反而性情很温和。

蝠鲼可以跃出水面，甚至还能在空中翻筋斗

蝠鲼的胸鳍肥厚宽大，就像一对翅膀

蝠鲼的尾巴细长

蝠鲼头上长着两只"角"，那是它的头鳍

75

# 海绵

　　海绵没有头，没有尾巴，没有躯干和四肢，没有神经和器官，它像植物一样"扎根"在岩石上，从流过的海水中过滤浮游生物和食物碎屑。

种　类　**多孔动物**

食　性　**杂食**

特　长　**再生**

海绵的形状千姿百态

海绵就算是被撕成小块，也可以再生

海绵身上有数以万计的小孔，它们就是通过这个滤食的

# 海胆

　　海胆浑身长满了"尖刺"，像是仙人球，也像是缩成一团的刺猬。海胆遍布于世界各处的海洋，而且无论是在潮间带还是在上千米的深海，都能发现它们的踪迹。

**动物档案**

| | | |
|---|---|---|
| 种 | 类 | **棘皮动物** |
| 食 | 性 | **杂食** |
| 分 | 布 | **世界各个海域** |

*海胆是一种古老的海洋生物，它们在地球已经存在了数亿年。*

海胆的胆壳表面伸出了很多中空的长刺

海胆生活在海底，主要靠管足及刺进行运动

# 海星

　　海洋中有一种像星星一样的海洋无脊椎动物，它们分布在全球各大海洋中，看上去可爱又别致。不过，它们是凶猛的肉食主义者，贝类、螃蟹等都是海星爱吃的食物。

海星有高超的再生本领，腕足如果不小心断了也没关系，新的腕足很快就能长出来

海星的棘皮皮肤上长着很多微小的晶体，这就像是海星的眼睛，能捕捉周围环境的信息

海星有两个胃，一个负责消化，另一个负责吞没猎物

# 珊瑚

不了解珊瑚的人，常常被珊瑚美丽的外表迷惑，鲜艳夺目的色彩，类似灌木丛的形态特征，让很多人认为珊瑚是一种漂亮的植物。其实，珊瑚是由成千上万的珊瑚虫及其分泌物和骨骼化石所形成的海洋生物组合体，并非植物。

**动物档案**

种　类　**刺胞动物**

分　布　**热带及部分温带海域**

万千珊瑚组成了珊瑚礁，这里是许多海洋生物的家园

珊瑚的外形像鲜艳的花朵和树枝，形态各异

许多浮游生物、鱼类和贝类都是珊瑚虫的食物

# 海葵

海葵是珊瑚大家族中不可或缺的一员，每当它们随水舞动的时候，看起来特别像一朵盛放的花朵。除了艳丽的外表，海葵还有你绝对想不到的一面，它可是个用毒高手呢：海葵的触手上面长满了刺细胞，能分泌毒液麻痹猎物。

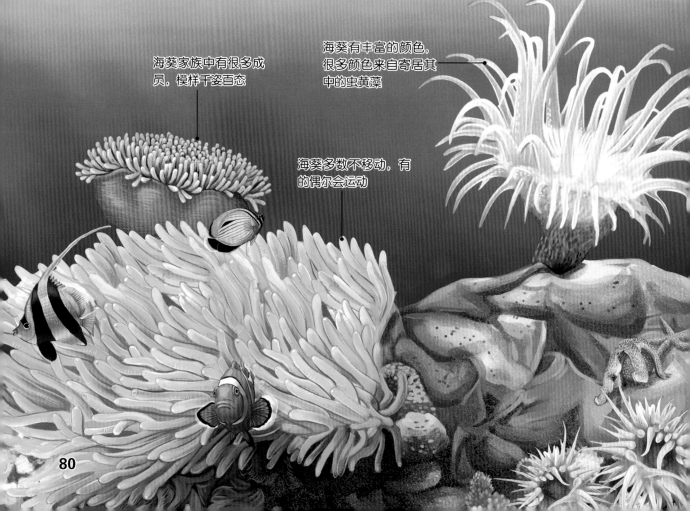

海葵家族中有很多成员，模样千姿百态

海葵有丰富的颜色，很多颜色来自寄居其中的虫黄藻

海葵多数不移动，有的偶尔会运动

# 水母

水母的外形非常靓丽，在水中浮动的样子像一个芭蕾舞者，轻盈又美丽。不过可别被它们的美貌迷惑，水母可是很危险的海洋杀手呢！

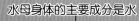
水母身体的主要成分是水

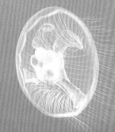
水母平时喜欢吃鱼类和浮游生物。

水母在几亿年前就存在了。

水母长得像伞，"伞"下还长着许多触手。要注意，这些触手可能有毒

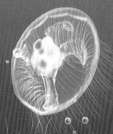

81

# 章鱼

　　章鱼的长相很奇怪：大大的脑袋，下面是八条长长的触手，看着有些可怕。它们的身体非常柔软，触手也十分灵活，这些触手不仅可以用来捕食和攻击敌人，还可以用来走路。

鱼类、贝类、螃蟹、海星都是章鱼爱吃的食物。

章鱼的头很大，其实是因为章鱼的胃、心脏等器官都长在这里

章鱼的触手上分布着很多吸盘

章鱼的腕足很灵活，还能开瓶盖呢

82

# 乌贼

　　海洋里生活着一种有趣的软体动物，它们遇到敌人时会喷出墨汁制造"烟雾弹"，然后趁机逃脱。因此，人们称它们为乌贼（或墨鱼）。乌贼还是厉害的变色达人，它们体内有数百万个色素细胞，能迅速地改变自己的形态和颜色，一瞬间就能变个模样。

乌贼的身体形状像个橡皮袋子

乌贼逃跑时，速度很快

乌贼有 8 条短腕和 2 条长腕

乌贼体内的有一个墨囊，墨囊里面有很多浓黑的墨汁

# 招潮蟹

海滩上，一群小螃蟹挥舞着大螯，像是在对大海示意，它们就是招潮蟹。招潮蟹的特征很明显，一对螯很不对称，一只特别大，像个盾牌似的横在胸前，另一只却很小，就像没有发育好一样。

**动物档案**

| 种 | 类 | 节肢动物 |
|---|---|---|
| 食 | 性 | 杂食 |
| 习 | 性 | 群居 |

招潮蟹挥舞着大螯并不是在招潮，而是为了恐吓敌人或者求偶

招潮蟹的眼睛长在细长的眼柄上

**在潮水来之前，招潮蟹会躲进洞穴里。**

如果招潮蟹失去大螯，伤口处会长出一个小螯，而原来的小螯则会长成大螯

# 海龟

　　海龟可是动物界的老寿星，而且它们的祖先在亿万年前就出现在地球上了。海龟和陆龟很像，不过为了适应海洋的环境，海龟的四肢变得像船桨一样。

海龟以藻类、水母、甲壳类和鱼类为食

海龟的头和四肢不能缩进龟壳里

海龟没有牙齿，嘴巴和鹰嘴有些相似

海龟的四肢是鳍状，前肢如同船桨一样

# 海蛇

海蛇是眼镜蛇在海洋里的"远房亲戚"，有着和眼镜蛇一样强劲的毒液。它们通常在浅水栖息，能捕食和自己体形差不多大的猎物。

海蛇尾巴的形状扁平，这能帮它们在海洋中自在地畅游

海蛇主要以鱼类为食。

海蛇身上也覆盖着鳞片

# 沙漠世界

# 骆驼

骆驼的身材高大，脖子又粗又长，背上的驼峰高高耸立，它们耐饥耐渴，能负重在沙漠中长途旅行。

骆驼的长睫毛能防止沙尘进入

骆驼的驼峰有1～2个，里面储存着脂肪

骆驼的鼻孔可以随意开合，以阻挡风沙

骆驼的脚掌宽大扁平，能够在松软的沙地上行走自如

# 长耳跳鼠

长耳跳鼠的耳朵很大，眼睛圆溜溜的，看起来特别精神。它的前腿极短，后腿超长，长长的尾巴可以在跳跃时维持身体平衡。

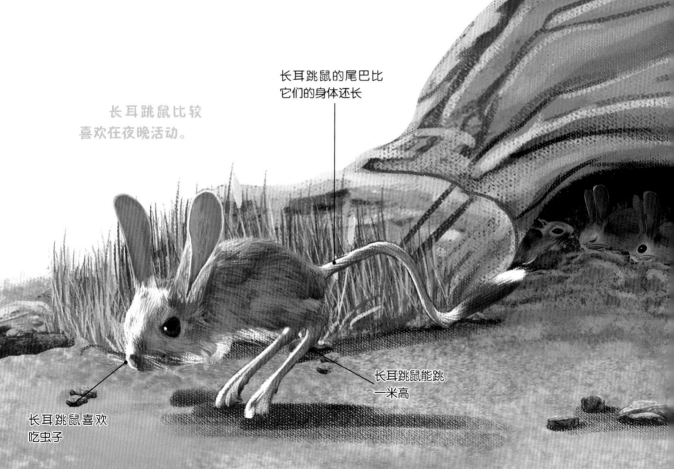

长耳跳鼠的尾巴比它们的身体还长

长耳跳鼠比较喜欢在夜晚活动。

长耳跳鼠喜欢吃虫子

长耳跳鼠能跳一米高

# 鸵鸟

　　鸵鸟是世界上最大的鸟类，它们的脖子细长，擎着小巧的脑袋。鸵鸟的翅膀短小，不能飞行，但它拥有一双粗壮有力的大长腿，奔跑速度非常快。

鸵鸟的翅膀已经退化

鸵鸟以植物为食，也吃昆虫

鸵鸟的腿上没有羽毛

小鸵鸟从蛋中孵化

鸵鸟的脚上有两根脚趾

# 棘蜥

　　棘蜥浑身长满了尖锐的刺，头上的两根最长，看起来十分危险。棘蜥有一个神奇的本领：用皮肤喝水。它们站在小水洼里，水分就从它们的脚引入，通过皮肤进入嘴巴。

**动物档案**

| 种 | 类 | 爬行动物 |
|---|---|---|
| 别 | 称 | 澳洲魔蜥 |
| 食 | 性 | 肉食 |
| 分 | 布 | 澳大利亚 |

棘蜥最喜欢的食物是蚂蚁，它们能够在短时间内捕食大量蚂蚁。

棘蜥全身覆盖着密密麻麻的小突起

棘蜥针刺状的皮肤可以减少水分的流失，这是沙漠动物的生存智慧

# 耳廓狐

耳廓狐的体形像小猫一样，它们最突出的特点是两只大耳朵，在炎热的沙漠里可以散热、侦查。耳廓狐通常白天藏在洞穴里睡觉，傍晚出来活动。

**动物档案**

| 种 | 类 | 哺乳动物 |
| 食 | 性 | 杂食 |
| 习 | 性 | 夜行性 |
| 分 | 布 | 非洲、亚洲 |

耳廓狐的耳朵如同雷达的接收天线，十分敏锐

耳廓狐是世界上体形最小的狐狸

耳廓狐会结成小群生活

耳廓狐几乎什么都吃，鸟蛋、鸟类、水果等它们都喜欢。

# 狐獴

狐獴经常会一大家子住在洞穴里，在外觅食或者嬉戏时，会有警觉的狐獴放哨。如果哨兵发现了天敌或者其他危险，就会立即发出尖锐的警报声，示意同伴及时避难。

狐獴喜欢吃肉，也吃水果和其他植物。

**动物档案**

| 种 | 类 | 哺乳动物 |
| 别 | 称 | 细尾獴 |
| 食 | 性 | 杂食 |
| 特 | 长 | 抵御毒性 |

狐獴的眼周、鼻部及耳部都是黑色的

狐獴会通过声音相互交流

狐獴的身材修长笔直

93

# 黄肥尾蝎

　　黄肥尾蝎生活在沙漠中，是蝎子家族里排名靠前的"毒士"。黄肥尾蝎生性残忍，会主动发起攻击，其猛烈的毒性让对手无法抵挡。

## 动物档案

| | | |
|---|---|---|
| 种 | 类 | 节肢动物 |
| 食 | 性 | 肉食 |
| 分 | 布 | 非洲、亚洲 |
| 特 | 长 | 剧毒 |

黄肥尾蝎的尾呈黑色

黄肥尾蝎尾尖悬着一个深色的"钩子"

黄肥尾蝎通体呈黄褐色，身体前方有两个尖锐得像钳子一样的螯肢

黄肥尾蝎通常在夜间活动。

# 蜜罐蚁

　　蜜罐蚁将头伸向花蕊，贪婪地吮吸。它的肚子越来越鼓，直到鼓成了圆葡萄似的。它们以此将花蜜储存起来，这样一来，到了沙漠缺少食物的时候就有备用的粮食了。

动物档案

| 种 | 类 | 节肢动物 |
| 食 | 物 | 花蜜 |
| 分 | 布 | 北美洲等地 |

吸饱花蜜的蜜罐蚁
会吊在巢穴之中

蜜罐蚁因为吸取花蜜种类的
不同，腹部的颜色也会不同

没有吸食花蜜时，
蜜罐蚁长相很普通

# 摩洛哥后翻蜘蛛

摩洛哥后翻蜘蛛十分有趣，它可以像体操运动员一样在沙漠中快速翻滚前进。这种运动方式比它们爬行的速度快很多，遇到危险时可以用来逃生。

摩洛哥后翻蜘蛛生活在摩洛哥东南的沙漠地带。

蜘蛛有四对足，头前部长有一对螯肢

# 湿地生灵

# 麋鹿

　　湿地中，一只麋鹿正悠闲地散步。它的头脸像马，角像鹿，蹄像牛，尾像驴，所以又被人们称为"四不像"。

麋鹿的鹿角整体是向后向外生长

麋鹿喜欢气候温和的沼泽湿地。

麋鹿甩动尾巴，来驱赶蚊虫

98

# 水獭

水獭喜欢居住在林木茂盛的河流地带，它们泳技超群，还是捕鱼能手，经常悄悄地从岸边潜入水中，突然袭击经过的鱼群。

动物档案

| 种 | 类 | 哺乳动物 |
| 体 | 长 | 56 ~ 80 厘米 |
| 食 | 性 | 肉食 |
| 分 | 布 | 欧洲、亚洲、非洲 |

水獭最爱吃鱼，也会捕捉小鸟、青蛙、螃蟹等。

水獭有一身厚实的双层皮毛

小小圆圆的耳朵

水獭的趾间长着蹼

99

# 麝鼠

　　麝鼠也叫"麝香鼠""水耗子"。叫麝香鼠是因为它们能分泌一种带有浓烈香味的麝鼠香，可以用来制作香水；叫水耗子是因为它们擅长游泳和潜水。

树枝、芦苇等是麝鼠筑巢的材料

麝鼠一般把巢建在岸边的洞穴里。

麝鼠的皮毛厚实，沥水性强

麝鼠平时主要以水生植物为食，偶尔也吃些鱼虾等小型水生动物

# 水鼩鼱

水鼩鼱（qú jīng）长得像小老鼠，它们擅长游泳，常出现在河流、小溪和池塘里。水鼩鼱喜欢吃水里的昆虫，有时也会吃小型鱼类和两栖动物。它们的嗅觉很灵敏，在水中也可以准确闻到猎物的气息，然后找准时机发动攻击。

## 动物档案

| 种 类 | 哺乳动物 |
| 食 性 | 杂食 |
| 分 布 | 欧洲、亚洲等地 |
| 特 长 | 潜泳 |

水鼩鼱成功捕捉到了一条鱼

水鼩鼱的耳朵很小，隐藏在毛发里

水鼩鼱的吻部尖尖的

# 青蛙

池塘里，青蛙正"呱呱呱"地唱着歌。青蛙是常见的两栖动物，它们不仅是"跳跃高手"，还是"捕虫达人"。在地球的陆地上，除了南极洲之外，到处都有青蛙和它同类的身影。

青蛙会将卵产在水里

青蛙有一条长舌头，上面覆满了黏液，这就是它们的捕虫武器

青蛙背部颜色为褐色或绿色

青蛙的眼睛鼓鼓的

# 冠欧螈

在北半球气候凉爽地带的池塘里，生活着一种冠欧螈。在求偶的季节，雄性冠欧螈会跳起灵活复杂的舞蹈，对雌性表达爱意。

**动物档案**

| | | |
|---|---|---|
| 种 | 类 | 两栖动物 |
| 食 | 性 | 杂食 |
| 分 | 布 | 欧洲等地 |

冠欧螈喜欢吃小型甲壳类动物和水生昆虫等。

在繁殖期，雄性冠欧螈的背部会发育出冠状鳍

冠欧螈的腹部有橙色斑纹

# 中国水蛇

　　池塘里，一条中国水蛇蜿蜒游过，它正在寻找食物，鳝鱼、泥鳅、蛙等都是它的心头好。中国水蛇大部分时间待在水里，溪流、池塘、水田都有可能见到它们的身影。

动物档案

| 种类 | 爬行动物 |
| 称号 | 混蛇 |
| 食性 | 肉食 |

水蛇吃鱼时会
整条吞下

中国水蛇
有轻微毒性。

背面呈黄褐色或灰褐色，
上面有黑色斑点

# 塘鲺

塘鲺（shī）生活在河流、坑塘、沟渠里。白天，塘鲺藏在水底或洞穴中休息，夜晚才出来找东西吃。

**动物档案**

种 类 鱼
别 称 胡子鲶
食 性 杂食

黄褐色或灰黑色的身体

塘鲺身上很光滑，没有鳞片

长长的触须可以帮助塘鲺感知周围环境

105

# 鲤

鲤是池塘里常见的鱼类，它们生活在池塘底部，嘴边有一对短须，很好辨认。普通的鲤颜值不算高，但其家族中的锦鲤却十分漂亮，艳丽的颜色和美好的寓意让它们成了备受喜爱的观赏鱼。

鲤不挑食，藻类、水生昆虫、螺蛳等，它们都爱吃

锦鲤被称为
"观赏鱼之王"。

鲤的鳞片较大

106

# 罗非鱼

　　罗非鱼原产于热带非洲东部，因此它们也叫"非洲鲫鱼"。罗非鱼适应环境的能力很强，只要温度适宜，它们在海水和淡水中都能生存。

背鳍发达

罗非鱼喜欢高温，不耐低温。

腹部颜色较淡

# 鳝鱼

　　细细长长的鳝鱼看起来就像蛇一样，但细细一瞧，它们的身上没有鳞片，而是一层滑腻的黏液，抓起来格外滑。

鳝鱼的身体就像一根长圆筒，没有鱼鳍，和其他的鱼不太像

鳝鱼常常藏在水下的泥洞或石缝里。

鳝鱼的身体是黄褐色的，上面有暗色斑点

鳝鱼的眼睛很小

# 翠鸟

池塘边，翠鸟静静地注视着水面，它正在搜寻猎物。此时，一条鱼在水下游过，翠鸟如同闪电般飞了过去，直直地扎进水里，一口咬住了鱼儿。

## 动物档案

种　类　鸟
别　称　钓鱼郎
体　长　16 ~ 18 厘米
食　性　杂食

翠鸟的食物以小鱼为主

翠鸟的眼睛有一层几乎透明的瞬膜。当它们入水时，瞬膜关闭，可以保护眼睛

蓝绿色的羽毛在阳光下散发着金属光泽

翠鸟的喙嘴又长又尖

109

# 疣鼻天鹅

　　疣（yóu）鼻天鹅在池塘中戏水，它们时而在水面玩耍，时而仔细地清洁羽毛，看起来十分优雅。但要起飞时，它们需要双翅用力拍打水面，双脚在水面上助跑才行，看着有些许笨拙。

**动物档案**

| 种类 | 鸟 |
| --- | --- |
| 别称 | 哑音天鹅 |
| 体长 | 1.25～1.55米 |
| 食性 | 杂食 |

疣鼻天鹅的喙是红色的

羽毛洁白，头顶至枕部有淡棕色

前额有突出的黑色疣状物

110

# 苍鹭

　　苍鹭一动不动地站在池塘边上，像个静坐垂钓的老人，因此人们给它们起了个有趣的外号——"长脖老等"。一旦猎物出现，苍鹭便会立刻伸颈啄之，快如闪电。

**动物档案**

| 种 类 | 鸟 |
| 体 长 | 75～100 厘米 |
| 食 性 | 肉食 |

苍鹭的身上有黑白灰三色羽毛

枕部的两条黑色冠羽像辫子一样

苍鹭吃小型鱼类、泥鳅、虾、蜥蜴等

111

# 丹顶鹤

丹顶鹤因头顶有一块鲜红色的斑记而得名。在中国，丹顶鹤是高雅、吉祥、忠贞、长寿的象征，古代的诗歌、绘画中常常出现它的身影。

## 动物档案

| | | |
|---|---|---|
| 种 | 类 | 鸟 |
| 别 | 称 | 仙鹤 |
| 体 | 长 | 1.2 ~ 1.6 米 |
| 食 | 性 | 杂食 |

丹顶鹤食性广，昆虫、鱼虾、贝类、植物种子等荤素都吃。

丹顶鹤的头顶没有羽毛，头皮下方大量的毛细血管暴露出来而使得头顶呈现鲜红色

丹顶鹤的鸣管很长，发声时能产生强烈的共鸣

丹顶鹤休息时常单腿站立

# 白鹭

"两个黄鹂鸣翠柳，一行白鹭上青天。"
诗中的白鹭便是水岸边那白色的鸟儿。白鹭的
身体修长，全身的羽毛洁白如雪，分外优雅高洁。

白鹭的喙是黑色的

在繁殖期，白鹭的枕部
有两根细长的辫状饰羽

白鹭会捕食小鱼、
小虾、昆虫等

白鹭有时一鸟孤行，
有时成群结队。

# 水黾

水黾（mǐn）是水面上轻盈的舞者，也是出色的猎手，它们在水面上行走时如履平地，如同在表演杂技。

**动物档案**

| | | |
|---|---|---|
| 种 | 类 | 节肢动物 |
| 体 | 长 | 0.8～2 厘米 |
| 食 | 性 | 肉食 |
| 特 | 长 | 水上漂 |

水黾腿部有灵敏的感受器，如果有昆虫落入水中，它能迅速感知到

水黾的身体瘦弱，腿脚又细又长

水黾的腿结构特殊，再加上水表面张力的支撑，水黾就能"水上漂"了。